Collège Expérimental
d'Aviculture
de Château-Thierry

Château de Blesmes

Cours Complet
par correspondance

Deuxième Leçon

Collège Expérimental d'Aviculture de Château-Thierry

Château de Blesmes

Cours Complet
par correspondance

Deuxième Leçon

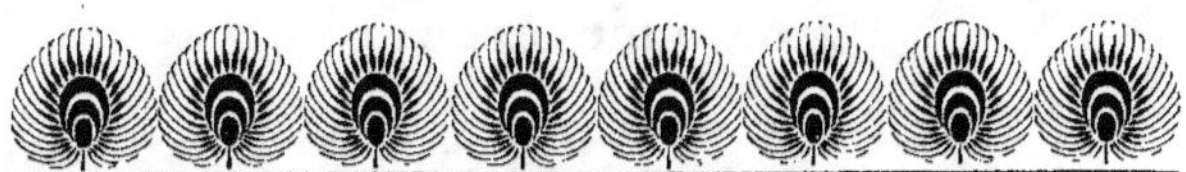

Anatomie de la Volaille

OUR se livrer consciencieusement à l'élevage des volailles, il est de première prudence de connaître leur conformation anatomique afin de savoir quels sont les besoins des oiseaux suivant les différents âges et de pouvoir soigner et guérir ceux qui pourraient être un jour atteints de maladies.

La poule est un oiseau, c'est-à-dire un animal adapté pour le vol : elle a les ailes et les muscles pectoraux cependant moins bien développés que le pigeon ; comme chez ce dernier, sa queue est rectrice, c'est-à-dire donne la direction du vol ; les poumons sont très développés et sont complétés par des sacs aériens ; la légèreté de son squelette et la conformation de son corps indiquent que son ancêtre était un voilier.

Anatomie externe

LA TÊTE

La tête est entourée d'une enveloppe charnue qui forme la crête, les barbillons et les joues.

La crête affecte différentes formes suivant l'espèce ou la variété de volatiles. Elle peut être simple, double, en rose, frisée, en feuilles de chêne ou en corne.

La crête simple peut être ample, droite chez le coq avec de cinq à sept dents ou crétillons ; couchée chez la poule, en formant un ou deux replis. Certaines poules à crête simple ont aussi la crête droite.

Crête droite érigée chez le coq et tombante chez la poule (Andalous)

La crête en rose ou triple peut atteindre un très grand développement et présenter des aspérités prononcées et nombreuses, comme chez la Red-Cap ; elle peut avoir un développement moyen comme chez la Wyandotte et la Hambourg ; elle peut prendre la forme d'un

petit bourrelet plat comme chez Chanteclair. La Houdan a la crête
en feuilles de chêne et la Crèvecœur ainsi que la Flèche ont la crête
munie de deux cornes qui leur donnent, surtout chez cette dernière,
un aspect cruel.

Le développement de la crête chez une même poule varie ainsi que
sa température, sa couleur et son grain, suivant l'intensité de la
ponte. Elle prend de l'ampleur, une teinte plus rouge lorsque la
poule est en ponte, elle s'atrophie et pâlit lorsque la période de
ponte est passée.

Lorsqu'une poulette doit commencer sa ponte, et avant le dépôt
du premier œuf, la crête est plus chaude et reprend sa température
normale après la ponte des premiers œufs. Le développement
permanent de la crête est parfois un indice de la valeur comme
pondeuse d'une poule mais ce fait ne peut être tenu pour règle précise
et infaillible. D'autre part elle peut rester grande et rouge si la poule
a une maladie de l'ovaire.

Crête en rose (Wyandottes)

Le développement des barbillons est en raison de celui de la
crête, ce que nous venons de dire concernant celle-ci s'applique à
ceux-là.

Les joues se forment à la naissance du bec près des narines,
s'étendent de la crête aux barbillons. Ceux-ci sont deux appendices

de chair prenant naissance sous la mandibule inférieure et tombant devant le cou. Les joues d'une bonne pondeuse doivent être maigres et bien colorées. Les vieux sujets ont parfois la peau des joues qui se recouvre de parties blanchâtres ; ceci est un défaut qu'il faut éviter. On dit dans ce cas que l'oiseau « a du blanc dans la face ».

Crête droite courte (Langshan)

Les oreillons sont des excroissances diversement colorées, blanches ou soufre, ou rouges, peu développées ou très étendues. Les oreillons rouges accusent une race asiatique ou ayant du sang de race asiatique. En général, les poules portant des oreillons rouges atteignent un développement de chair plus considérable que celles portant des oreillons blancs ou crème et produisent des œufs roux ou jaunes. Sans sélection leur ponte est moins abondante, cependant la sélection peut les amener à un égal degré de fécondité.

Les bouquets sont de petites touffes de plumes qui protègent le conduit auditif ou oreille.

Le bec est recouvert d'une enveloppe cornée de couleur variable mais fixée, ainsi que celles des autres parties de l'oiseau, par le standard.

LES PLUMES

Les plumes qui garnissent les diverses parties du corps sont de dimensions et de formes très variées ; elles sont toujours disposées en plaques et se recouvrent les unes les autres à la façon des tuiles d'un toit. Malgré cette heureuse disposition la volaille craint beaucoup la pluie, le vent et le froid.

On peut diviser les plumes en trois catégories principales : les grandes, du vol et de la queue ; les moyennes, qui servent de recouvrement aux grandes et se trouvent aussi à l'aile et au croupion ; les petites qui s'étendent sur le cou, le dos, les flancs, la poitrine, les épaules et une partie des ailes.

C'est ainsi que l'on doit classer les plumes pour la vente.

Voici comment on désigne séparément chaque groupe :

HUPPE. Touffe considérable de plumes longues, tantôt pointues ou arrondies, tantôt droites ou retombantes, posées sur le sommet du crâne et affectant diverses dispositions suivant la race.

DEMI-HUPPE. Composée des mêmes éléments mais moitié moins forte que la huppe.

ÈPI. Petite touffe de plumes courtes, ténues, droites ou un peu retombantes occupant la même place.

FAVORIS. Petites plumes un peu raides et lisses partant de chaque côté des joues.

CRAVATE. Touffe de plumes prenant naissance sous le menton et retombant en s'élargissant en éventail sur le devant du cou.

PLASTRON. Plumes recouvrant la poitrine.

CAMAIL. Plumes recouvrant le cou jusqu'au dos ; très fines, ténues et allongées chez le coq, elles forment comme une sorte de crinière.

LANCETTES. Plumes longues et fines recouvrant la partie inférieure du dos et retombant de chaque côté des reins ; ces plumes n'existent pas chez la poule.

RECTRICES. Grandes plumes droites de la queue.

FAUCILLES. Grandes et petites plumes recourbées de la queue
des coqs. Elles couvrent et dissimulent presque les rectrices : elles
atteignent des proportions considérables dans les races Yokohama
et Phénix. Chez les Chapons elles sont longues et portées un peu
bas.

Les différentes parties du corps d'un coq — Le plumage

1	Crête	14	Eperon
2	Crétillons	15	Orteils
3	Mandibule supérieure	16	Ongles
4	Mandibule inférieure	17	Plante
5	Oreille	18	Pouce
6	Oreillon	19	Fluff
7	Barbillons	20	Lancettes
8	Poitrine	21	Petites faucilles
9	Epaule	22	Grandes faucilles
10	Couverture des ailes	23	Selle
11	Rémiges primaires	24	Dos
12	Cuisse	25	Camail
13	Tarse		

TECTRICES (Grandes, petites et moyennes). On dénomme ainsi les trois rangées de plumes superposées qui recouvrent la naissance des rémiges.

REMIGES SECONDAIRES. Grandes plumes de l'aile fixées à l'avant-bras ou cubitus.

REMIGES PRIMAIRES. Grandes plumes du vol fixées au carpe ou à la main ; elles sont au nombre de dix et recouvertes par les rémiges secondaires quand l'aile est fermée.

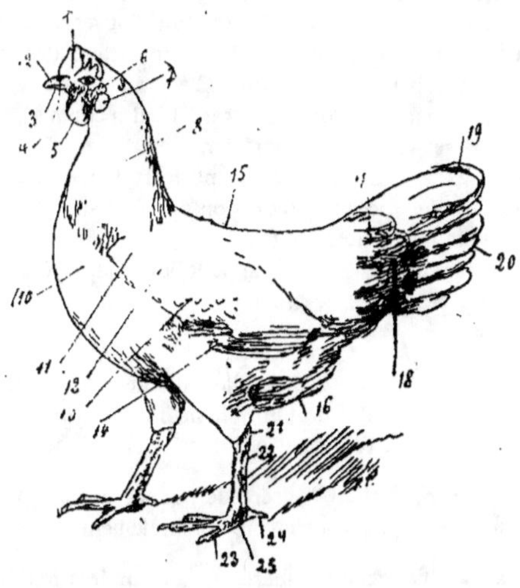

Les différentes parties du corps de la poule — Le plumage

1	Crête	15	Dos
2	Mandibule supérieure	16	Fluff
3	Mandibule inférieure	17	Petites couvertures de la queue
4	Narines	18	Grandes couvertures
5	Barbillons	19	Couvertures supérieures ou rectrices supérieures
6	Oreilles		
7	Oreillons	20	Rectrices
8	Cou	21	Talon
10	Poitrine	22	Tarse
11	Epaule	23	Orteil
12	Aile	24	Pouce
13	Couverture des ailes	25	Plante
14	Rémiges primaires		

POUCETTES. Petites plumes raides partant de l'appendice des phalanges et allant jusqu'à l'articulation du cubitus.

Nous conseillons à nos élèves de se rendre compte sur un coq et une poule des différentes parties du plumage et de se familiariser avec leur nomenclature.

LES DESSINS DU PLUMAGE

Les nuances et les dessins des différents plumages ont une très grande diversité. Cette diversité confond l'observateur nouveau, mais après un examen attentif, celui-ci remarque des différences qu'il n'avait pas perçues au début. C'est ainsi que les races se distinguent au premier abord. Plus tard l'œil s'éduque et les différences secondaires se laissent apprécier.

Des deux sexes, c'est le mâle qui porte la livrée la plus riche ; il y a cependant des races unicolores ou de fantaisies chez lesquelles la poule porte la même livrée que le coq.

On doit se familiariser avec les appellations employées pour différencier les diverses sortes de plumages.

La plume est :

FLAMMEE ou STRIEE. Quand elle est traversée au centre d'une flamme ou étroite lancette de ton noir ou foncé terminée en pointe. Cette disposition se retrouve surtout dans le camail ou les lancettes.

MAILLEE ou LISEREE. Un liseré de nuance beaucoup plus foncé que le restant de la plume l'encadre complètement.

PAILLETEE. Une tache régulière, de couleur très foncée, noire la plupart du temps, se trouve à l'extrémité de la plume et constitue un dessin uniforme dans l'ensemble du plumage.

BARREE. Des barres plus ou moins épaisses ombrent chaque plume plus ou moins nettement. Les couleurs et les tons qui s'y rencontrent ou s'opposent sont généralement le blanc, le noir, le fauve, le bleu gris ou bleu ardoise ; cette dernière nuance, quand elle n'est pas fortement marquée est appelée coucou ; quand les barres au lieu d'être en travers de la plume suivent son pourtour, le plumage est dit crayonné ; quand il est rougeâtre on le désigne sous le nom de perdrix.

Au point de vue des nuances, le plumage est dit argenté lorsque l'ensemble du dessin foncé présente un fond de plumes blanc, soit qu'il soit liséré, pailleté, tacheté, crayonné. Si l'ensemble du fond du plumage est d'un fauve plus ou moins riche, on dit que le plumage est doré, c'est ainsi que nous avons les crayonnés et pailletés, argentés et les mêmes dorés.

Quand les plumes sont terminées par une pointe noire, le plumage est dit herminé ; il est caillouté quand il est, avec assez de régularité, alterné de noir et de blanc, voire d'autres couleurs. Lorsque le plumage est formé de hachures alternativement noires et grises, il est gris.

Enfin, une union du blanc et du noir peut donner une teinte gris-bleutée que l'on appelle bleu.

Anatomie Interne

ETUDE DU SQUELETTE

Le squelette comprend la tête, la cage thoracique, la colonne vertébrale, les membres.

LA TETE. — La tête est formée de deux parties principales :

> 1° *Le crâne* composé d'os plats soudés, portant la mandibule supérieure du bec.
>
> 2° *La mandibule inférieure*, articulée à l'os carré qui commande l'ouverture du bec.
> Le crâne des races huppées est bombé au lieu d'être plat ; on dit qu'il est en voûte.
> Le bec est en substance cornée ; sa couleur est variable suivant la race.

LA COLONNE VERTEBRALE. — Elle se divise en quatre parties :

> 1° *La région cervicale*, la plus près de la tête composée de vertèbres cervicales mobiles. La première vertèbre a la forme d'un anneau, elle se nomme l'altoïde et est articulée avec le crâne sur une seule facette, ce qui permet à l'oiseau de tourner la tête en tous sens. Le grand nombre de vertèbres cervicales permet les mouvements variés du cou. Le pigeon en a 12, la poule 14, le canard 15, l'oie 18 et le cygne 35.
>
> 2° *La région dorsale*. Les vertèbres dorsales sont réunies par de forts ligaments et le plus souvent soudées.
>
> 3" *La région lombaire et sacrée*, possède des vertèbres soudées au nombre de 14 et fixées aux os coxaux ou illiums, que l'on nomme encore os en lamelles ou os pelviens.
>
> 4° *La région coxygienne* a 7 vertèbres non soudées formant la queue.

LA CAGE THORACIQUE ou thorax ou encore poitrine est
limitée en dessus par les vertèbres dorsales ; en avant par les os
caracoïdiens soudés aux clavicules et à la partie supérieure du
sternum ; sur les côtés par les côtes ; en dessous par le sternum.
Le sternum est une grande plaque osseuse concave intérieurement,
convexe extérieurement et portant au milieu de sa face inférieure

Le squelette de la poule

une crête saillante que l'on appelle le bréchet. Ce bréchet sert à fendre l'air, il est plus développé chez les voiliers. Les pigeons voyageurs notamment ont un bréchet long et rigide. L'extrémité postérieure du sternum s'appelle extrémité sternale.

LES MEMBRES. Les membres antérieurs ou ailes sont composés :

1° *De l'omoplate,*
2° *Du bras ou humérus,*
3° *De l'avant-bras* (radius et cubitus),
4° *De la main* (deux os du carpe),
5° *Des doigts* (trois phalanges).

Le pouce est un petit appendice soudé à l'articulation du carpe et du cubitus.

Les membres postérieurs sont composés :

1° *Du fémur,* qui s'articule sur le sacrum,
2° *Du tibia* et *du péroné,* ce dernier très rudimentaire,
3° *Du tarse,* qui comprend le canon, l'éperon, les doigts.

L'éperon n'existe que chez le coq. Certaines poules ont un éperon, mais c'est un défaut grave à éviter. En général les poules ont quatre doigts mais certaines races en ont cinq : les Dorkings, les Houdans, les Faverolles, les Nègres-soies. La poule marche sur les doigts et non sur le pied.

EJOINTAGE. Lorsque l'on veut empêcher la poule de voler on peut pratiquer l'éjointage qui est l'amputation de la main. Pour l'opérer, couper entre la septième et la huitième rémige primaire la partie de l'aile ou fouet un peu au-dessus du pouce, à la réunion des deux métacarpiens sur une seule aile et lorsque les sujets sont âgés de deux mois. On réussit cependant à éjointer les volailles adultes. On ne doit pas éjointer les volailles d'exposition ni les coquelets susceptibles de devenir des reproducteurs.

LES MUSCLES

Les principaux des muscles sont les muscles pectoraux qui servent à l'oiseau dans le vol : ce sont les moteurs des ailes. En langage familier, ils forment le blanc de poulet. Ils sont très développés chez certaines races de poules, le combattant indien notamment, utilisé à ce titre dans les croisements industriels.

Le muscle pectoral est triple : on distingue le pectoral superficiel ou petit pectoral, le pectoral moyen et le pectoral profond ou grand pectoral. Ce dernier est plus volumineux que les deux autres ensemble. Les autres muscles, sauf ceux des cuisses, fournissent peu de chose à l'alimentation.

L'APPAREIL DIGESTIF

L'appareil digestif est composé du bec et de la langue, de la glotte, de l'œsophage, du jabot, du ventricule succenturié, du gésier, des intestins et des glandes.

Le bec présente une muqueuse de couleur rosée qui est souvent le siège de petites ulcérations désignées sous le nom d'aphtes.

La langue, en fer de lance, est terminée par une petite plaque cartilagineuse mince. La maladie connue sous le nom de pépie n'est autre que l'ulcération de ce petit cartilage.

La glotte est une ouverture qui ferme la gorge lorsque l'oiseau lève la tête et bouche alors la trachée ; c'est pourquoi l'oiseau lève la tête lorsqu'il avale la boisson.

L'œsophage commence à la glotte et conduit les aliments au jabot.

Le jabot est une poche à parois fines et élastiques. C'est dans cette première poche que l'on constate des obstructions et des indigestions solides ou gazeuses.

Le ventricule succenturié est plus petit. Sa paroi secrète le suc gastrique.

Le gésier, situé au fond de l'abdomen est une poche formée d'un muscle très épais et très résistant. Ses membranes externes sont tendineuses, nacrées ; la membrane interne est mince, fibreuse et dure. Elle secrète une matière colorante jaunâtre qui paraît avoir la propriété de dissoudre les pierres, la chaux. Le silex s'y dissout plus lentement.

Les boissons sont digérées dans le premier et le second estomac ; la présence de liquides dans le gésier est toujours un signe de maladie.

L'intestin grêle est la partie la plus longue du tube digestif, il est pourvu de deux cœcums et se continue par le gros intestin qui est très court.

Le mésentère est une membrane très mince qui unit les parties de l'intestin.

Ce mésentère est très visible pendant l'opération du chaponnage.

Quand les animaux sont soumis à l'engraissement il se charge de graisse.

Le rectum aboutit dans une poche ou cloaque où débouchent également les deux uretères qui déversent l'urine, toujours blanche,

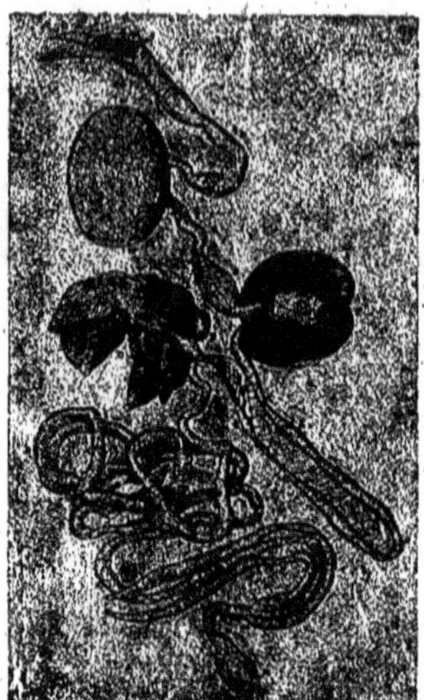

Le tube digestif des Gallinacés

a	Bec	o	Foie
b	Œsophage	gh	Intestin
c	Jabot	n	Pancréas
e	Ventricule succenturié	iiª	Cœcums
f	Gésier	m	Cloaque

venant des reins. Chez les deux sexes, on y trouve une poche où débouchent les organes de la génération.

LES GLANDES. Le foie est très volumineux chez les gallinacés. Il porte la vésicule biliaire qui déverse par le canal cholédoque la bile dans l'intestin.

Le pancréas est granuleux, blanchâtre et allongé.

Il verse la liqueur pancréatique dans l'intestin par deux petits canaux. Dans les affections typhoïdes des poules, le pancréas prend une teinte rosée ou vineuse et se ramollit.

La rate est petite et cylindrique et paraît préparer les globules rouges du sang. Son rôle n'est pas encore bien défini.

L'APPAREIL RESPIRATOIRE

La respiration se fait par les narines, mais aussi parfois par la bouche lorsqu'il fait très chaud ou que l'oiseau est essoufflé, après une course par exemple. Les cellules des poumons sont vastes et les bronches se terminent dans les sacs aériens répandus dans tout le corps de l'animal, et au nombre de quatre. La respiration des oiseaux est donc très active ; celle du coq l'est encore plus que celle de la poule. On ne sera donc pas étonné, devant ce grand besoin d'oxygène, que nous préconisions de grands poulaillers largement ventilés. Le manque d'air pur, l'air surchauffé et nauséabond est une des grandes causes des maladies épidémiques de la volaille.

Les deux narines que l'on voit s'ouvrir sur le bec sont étroites et peuvent être obstruées par le catarrhe nasal en cas de coryza. Le mucus sèche rapidement, il diminue, dans des proportions considérables l'apport d'oxygène aux poumons, par suite le sang de l'oiseau se corrompt très rapidement. Ces deux narines communiquent avec la bouche par une fente à bords dentelés que l'on appelle la fente du palais. Cette fente, ouverte quand l'animal est en position ordinaire, se ferme quand il lève la tête, deuxième raison pour laquelle l'animal lève la tête en buvant.

La trachée est composée d'anneaux membraneux très durs et élastiques. Elle s'élargit en entonnoir dans le larynx supérieur et prend diverses modications suivant le son que l'oiseau veut produire avec sa voix.

Les poumons sont petits et de couleur rose tendre. Ils sont plus foncés et de couleur sombre dans le cas d'asphyxie ou de congestion.

L'APPAREIL CIRCULATOIRE

Le cœur des oiseaux ressemble à celui des mammifères, il a quatre cavités, deux oreillettes, deux ventricules. Les vaisseaux, artères et veines sont également pareils à ceux de ces animaux.

L'APPAREIL URINAIRE

Les reins secrètent une urine blanche qui va se déverser par les uretères dans le cloaque ou plutôt dans la partie inférieure du rec-

tum, près du cloaque. L'urine est par conséquent mélangée aux
matières fécales avant d'être expulsée au dehors. C'est pourquoi on
trouve des traces blanches dans les excréments.

L'APPAREIL DE REPRODUCTION

« Les organes de la génération chez le coq présentent une grande
» simplicité de conformation. A l'encontre des mammifères, ils se
» trouvent chez tous les oiseaux à l'intérieur du corps, position qui
» paraît leur donner une plus grande activité secrétoire, et explique-
» rait en partie chez le coq cette étonnante lubricité à laquelle con-
» tribue évidemment la grosseur des testicules peu en proportion
» de sa taille. »

Ces organes comprennent les testicules, les canaux efférents et le
pénis.

Les testicules sont au nombre de deux, situés dans l'intérieur de
l'abdomen, en arrière du foie ou en avant du gésier. Ils sont fixés de
chaque côté de l'épine dorsale, tout près des reins et au dessous
d'eux.

Les canaux efférents partent des testicules, longent la colonne
vertébrale et viennent aboutir chacun à un des tubercules du pénis.

Celui-ci n'est qu'un bourrelet circulaire logé dans le cloaque au
dessus de l'anus et terminé de chaque côté par un tubercule de consistance élastique.

Les organes de reproduction de la poule sont composés de la
grappe ovarienne et de l'oviducte. Chez la poulette l'oviducte est
petit et mince ; il se développe pendant la période de ponte pour
reprendre son petit volume ensuite.

La grappe ovarienne est plus ou moins active suivant l'aptitude
à la ponte. Buffon a écrit que la poule pond trente œufs environ ;
Mariot-Didieux estimait que l'ovaire pouvait produire 600 ovules ;
aujourd'hui de nombreuses poules ont pondu plus d'un millier
d'œufs, ponte contrôlée. En vérité l'ovaire est capable de secréter
plusieurs milliers d'ovules.

Dans le tout jeune âge, la poulette a deux ovaires occupant à la
suite des poumons, sous les os du dos, à peu près le même emplace-
ment que les testicules du coq. Mais bientôt un ovaire s'atrophie, il
ne reste plus que l'ovaire de gauche, charnu, glanduleux, jaunâtre et
de forme irrégulière.

COMPOSITION CHIMIQUE

Le corps de la volaille est formé de chair, de nerfs et d'os. Il contient de plus quatre-vingt pour cent d'eau. La chair, les nerfs, les os, sont principalement formés de matières azotées, de matières grasses et de matières minérales, surtout de carbonate et de phosphate de chaux. Ces matières sont emmagasinées non seulement pour donner au squelette sa rigidité, aux muscles leur composition, mais aussi pour constituer une réserve dont l'oiseau pourra se servir en cas de besoin. Nous avons dit que la chair contient environ 80 pour cent d'eau. Les matières azotées d'une part, les matières grasses et hydro-carbonées d'autre part se partagent les 20 pour cent restant en parties à peu près égales. Les matières azotées sont en plus grande quantité lorsque l'animal est jeune ou maigre et les matières grasses et hydrocarbonées quand il est vieux ou gras.

Comme les os sont très riches (ainsi que les plumes) en matières minérales, l'alimentation des poussins devra contenir beaucoup de ces substances.

ÉTUDE DE L'ŒUF

L'œuf est composé de blanc et de jaune emprisonnés dans une coquille de forme ovoïde, irrégulière, c'est-à-dire présentant un bout plus gros, un bout plus petit, un grand axe et un petit axe. Le poids d'un œuf varie entre 40 et 80 grammes, celui des œufs ordinaires et marchands, entre 50 et 65 grammes.

Il est composé d'une coquille blanche ou colorée de jaune clair, de jaune brun, de jaune rose, suivant les variétés de poules desquelles l'œuf provient. En général les variétés d'origine européenne, Bresse, Minorque, Leghorn, Andalouse, Hambourg, etc... ont des œufs à coquille blanche. Les volailles d'origine asiatique, ou ayant du sang de race asiatique, Cochinchinoise, Brahma, Langshan, Wyandotte, Orpington, R. I. R., Faverolles, Malines, etc... ont des œufs plus ou moins teintés.

La coquille de l'œuf contient 97 pour cent de carbonate de chaux, 3 pour cent de phosphate de chaux, de magnésie, d'oxyde de fer, de soufre, etc... Elle pèse suivant son épaisseur de 11 à 13 pour cent du poids total de l'œuf. Ainsi, la coquille d'un œuf de soixante grammes pèse 7 gr. 20 environ. Ceci nous montre quelle quantité de matières minérales et surtout de matières calcaires on doit donner à la poule pondeuse.

Lorsqu'elle ne trouve pas dans sa nourriture assez d'éléments minéraux, elle pond des œufs sans coquille ou œufs hardés. Il a été cependant reconnu qu'elle emprunte à son squelette les matières minérales dont elle peut manquer. Des expériences ont été faites aux Etats-Unis à ce sujet : des squelettes de poules dont la nourriture était le plus possible exempte de calcaire et tuées après la période de ponte présentaient une diminution considérable de poids. Le squelette apparaît donc comme un régulateur de cette fonction.

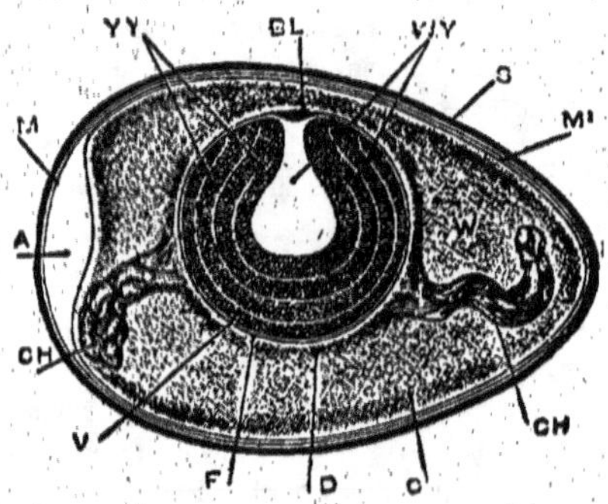

L'œuf

S	Coquille	V	Membrane vitelline
M	Membrane coquillère externe	YY	Vitellus jaune
M2	Membrane coquillère interne	VIY	Vitellus blanc
C	Blanc ou albumen	BL	Disque germinatif
CH	Chalazes		

Tout autour de l'œuf et à l'intérieur de celui-ci, se trouvent deux membranes appelées membranes coquillères ; l'une tapisse la coquille intérieurement, l'autre est à l'intérieur de celle-là. La première est la membrane coquillère externe, l'autre la membrane interne. Entre ces membranes ou feuillets et au gros bout de l'œuf est la chambre coquillère ou chambre à air, invisible immédiatement après la ponte et se développant au fur et à mesure que l'œuf vieillit ;

cette chambre à air est parfois sur le petit axe de l'œuf, plus rarement au petit bout.

A l'intérieur des deux feuillets se trouve le blanc de l'œuf ou albumen disposé en couches concentriques de densités différentes. Il porte suivant le grand axe les deux chalazes faits d'albumen condensé et enroulé en spirale.

Ils servent à maintenir le jaune en suspension dans le blanc. Une extrémité de chaque chalaze est noyée, soudée dans le blanc, l'autre est attachée à la membrane vitelline, sorte de sac qui contient le jaune ou vitellus.

L'albumen contient 86 pour cent d'eau, le reste est formé d'albumine, d'une petite quantité de matière grasse et sulfurée. Il pèse environ les soixante centièmes du poids de l'œuf. Il est plus lourd que l'eau, sa densité est supérieure à 1.

Le jaune de l'œuf est plus riche que l'albumen ; il ne contient que cinquante pour cent d'eau, des corps gras (oléine, margarine, stéarine), des matières azotées (albumine, vitelline, fibrine), des sels minéraux (phosphate, soude, fer, iode). Il renferme aussi des matières colorantes jaunes et rouges.

Le jaune des œufs est plus ou moins coloré. Cette diversité de coloration est due à l'alimentation. Des volailles privées de verdure ou n'en ayant pas suffisamment, ou n'ayant que des betteraves, donnent des œufs dont le jaune est très pâle. Ces œufs sont chimiquement aussi bons ou presque que les autres ; ils semblent renfermer cependant moins de vitamines. Leur goût est moins prononcé et leur aspect moins engageant. A l'incubation, ils ne paraissent pas donner d'aussi bons résultats, la matière colorante étant nécessaire au bon développement de l'embryon. On a prétendu que le maïs en grains donne beaucoup de coloration au jaune ; c'est vrai mais nous pouvons cependant affirmer que la verdure a une influence presque aussi grande.

COMPOSITION

L'œuf a approximativement la composition suivante :

	Eau	M. az.	M. gr.	M. hyd. car.	M. min.
Coquille	0,16	0,14			6.70
Blanc	29,74	4,40	0,10	0,26	0,21
Jaune	8,66	2,76	5,40	0,01	0,19
Total	38,56	7,30	5,50	0,27	7,10

ŒUF FRAIS & ŒUF NON FRAIS

L'œuf frais pondu n'a pas la saveur ni la même valeur nutritive
que l'œuf qui a quelques jours de ponte ou que l'œuf conservé. Ainsi
un œuf conservé à l'air libre a, au bout de quinze jours perdu presque
le quart de sa valeur nutritive. Il importe donc de ne livrer au marché

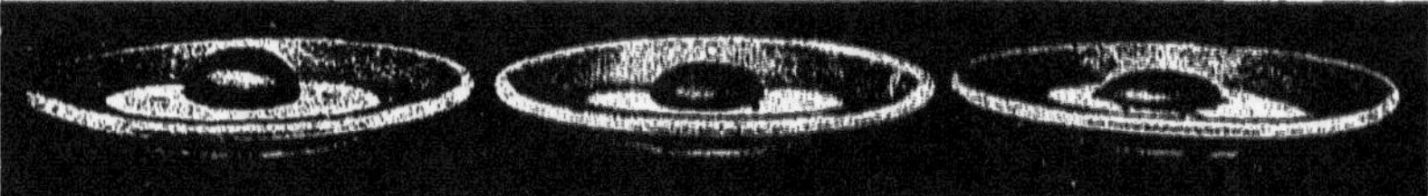

ŒUF FRAIS	ŒUF de 8 JOURS	ŒUF de 15 JOURS
Blanc consistant	Blanc moins consistant	Blanc résorbé en eau
Jaune se tenant bien	Jaune affaissé	Jaune flasque

Les vieux œufs ont perdu une grande partie de leur valeur alimentaire

et de ne consommer que des œufs frais, c'est-à-dire n'ayant pas plus
de trois jours en été et de cinq jours en hiver. Pour reconnaître si un
œuf est frais, deux ou trois moyens sont à votre disposition. Ce
sont le mirage, qui vous renseigne sur le développement de la
chambre à air, la plongée dans une eau saturée de sel de cuisine,
enfin l'examen de l'œuf cassé dans une assiette.

Si l'œuf est frais, sa chambre à air accuse un petit développement,
ou bien elle est encore invisible; l'œuf frais va au fond de la solution
de sel de cuisine, tandis que l'œuf de quelques jours flotte au sein
du liquide et que l'œuf conservé surnage ; enfin le jaune de l'œuf
frais ainsi que le blanc ont gardé leur consistance : cassé, l'œuf
n'occupe pas dans l'assiette une aussi grande surface, le jaune se
tient plus droit au lieu de s'étaler, le blanc contient moins d'eau.
Peu à peu le blanc se résorbe en eau et le jaune perd sa composition.

FORMATION DE L'ŒUF

La grappe ovarienne est une glande en grappe qui forme les
ovules. Ces ovules, arrivés à maturité, constituent le jaune de l'œuf.
Sur cet ovaire, nous remarquons des centaines de petits grains de la

taille d'un grain de millet à celle d'une noix. Ce sont les ovules qui forment le jaune de l'œuf.

Ces ovules grossissent, entourés d'une membrane vasculaire. Au fur et à mesure que l'un d'eux se développe, la membrane vasculaire s'amincit, devient extrêmement fine. L'ovule est retenu à la grappe ovarienne par un pédoncule très court que l'on appelle calice et portant une ligne blanche ou ligne stigmatique dépourvue de vaisseaux sanguins. Quand l'ovule est arrivé à son développement complet, la ligne stigmatique se déchire, l'ovule tombe dans la trompe de l'oviducte. Cette trompe, en forme d'entonnoir, est le début d'un canal à parois très extensibles qui, à l'une de ses extrémités, entoure la grappe ovarienne, et à l'autre aboutit au cloaque. Ce tube se nomme l'oviducte. C'est en parcourant le chemin de la trompe au cloaque, que l'ovule devient œuf parfait.

L'oviducte comprend trois parties qui sont, à partir de l'ovaire : le tube albuminipare, le tube secréteur des deux membranes, la chambre coquillère. Chacune de ces parties a un rôle particulier.

L'ovule est animé d'un mouvement de rotation qui facilite son glissement sur l'épithélium intérieur de l'oviducte ; il arrive dans le tube albuminipare qui a pour longueur la moitié de celle de l'oviducte et qui secrète l'albumen ou blanc de l'œuf. Le mouvement giratoire de l'ovule devenu le jaune forme les chalazes. Le blanc enrobe le jaune en couches successives et de densités différentes.

A sa sortie du tube albuminipare, l'œuf incomplet se trouve enveloppé des deux membranes ; puis il arrive dans la chambre coquillère ou utérus qui secrète les matériaux formant la coquille. En quelques heures, la coquille entoure l'œuf et se durcit. Enfin, à la base de l'utérus, l'œuf se recouvre de matières colorantes lorsqu'il doit être teinté, et après un moment d'attente plus ou moins long, moment de préparation, il est expulsé par le cloaque, généralement le gros bout en avant, mais pas toujours.

Le voyage de l'ovule a duré de 10 à 16 heures ; il arrive très souvent qu'une poule pond plusieurs œufs en 24 heures ou même dans un temps plus court.

LES ACCIDENTS DE LA PONTE

La lecture de comptes rendus d'autopsies vétérinaires vous a sans doute familiarisé avec les termes d'ovarite, péritonite, ponte intra-abdominale, renversement d'oviducte, etc... Voici les explications de ces accidents :

Lorsque la production des ovules est très grande sous l'empire des nourritures échauffantes, la ligne stigmatique peut ne pas se briser lorsque l'ovule est mûr, alors c'est le calice qui s'arrache de la grappe ovarienne, il s'en suit une inflammation de la glande toujours mortelle. La poule est morte d'ovarite.

Dans d'autres cas, la production des ovules est tellement rapide que celles-ci se réunissent trop nombreuses dans la trompe qui ne peut les contenir toutes et éclate. L'éclatement peut aussi se produire dans l'oviducte. Le ou les jaunes tombent dans la cavité abdominale : on a une ponte intra-abdominale, toujours mortelle.

Les deux affections dont nous venons de parler se compliquent toujours de péritonite ou inflammation du péritoine.

La poule peut avoir une grande difficulté à pondre, soit qu'elle ait de la paresse du cloaque, soit que l'œuf soit très gros. Il peut se produire une inflammation de l'utérus qui peut dégénérer en péritonite toujours mortelle. Si l'œuf est enfin pondu, il peut provoquer le renversement de la partie inférieure de l'utérus qui peut amener aussi la péritonite. Nous dirons lorsque le moment en sera venu ce qu'il y a lieu de faire dans ce dernier cas.

LES ŒUFS ANORMAUX

ŒUFS A DEUX JAUNES. Lorsque l'activité de la grappe ovarienne est très grande, il arrive que deux ovules tombent ensemble dans la trompe. Ces deux ovules sont alors enrobés du même albumen, des membranes et de la même coquille. Si ces œufs, considérés en soi, sont précieux pour l'alimentation, il faut éviter de choisir les œufs normaux des poules ayant l'habitude de pondre des œufs à deux jaunes, pour mettre couver.

ŒUFS HARDÉS. Lorsque la chambre coquillère est paresseuse, que les poules sont trop grasses ou pondent énormément, que l'alimentation n'est pas assez riche en matières calcaires, les poules peuvent pondre des œufs sans coquille, n'ayant pour toute enveloppe que les deux feuillets. Ces œufs sont dits hardés.

Nous disons que les poules trop grasses ou pondant énormément donnent des œufs hardés ; ceci s'explique de la manière suivante : le travail de l'ovaire est plus actif que celui de la chambre coquillère, et ce précisément à cause de l'état de graisse de la poule ou de la grande ponte ; la chambre coquillère ne suffit plus à son travail.

L'inconvénient de la ponte d'œufs hardés est très grand. L'œuf peut se briser en tombant, les poules le mangent alors avidement. Encouragées par ce premier essai, une autre fois elles briseront sa frêle enveloppe pour s'en régaler, l'habitude s'étendra bientôt à tout le poulailler et les œufs normaux eux-mêmes seront brisés et mangés.

Le remède est très difficile à apporter. On peut, soit vider des coquilles, les remplir de cendres et les mettre dans le poulailler et les pondoirs à la disposition des poules ; celles-ci oublient, après en avoir cassé quelques-uns que l'œuf a contenu du blanc et surtout du jaune. On peut — et cela vaut infiniment mieux — donner à la poule de quoi faire la coquille : des coquilles d'huîtres granulées ou en poudre. Et si malgré cela, quelque poule continue à pondre des œufs hardés, il faudrait l'enlever du poulailler et s'en défaire.

ŒUF CONTENANT UN VER. Il s'agit là d'un ver intestinal qui aura été englobé dans le blanc avant la formation des deux feuillets.

ŒUFS NE CONTENANT PAS DE JAUNE. Cet œuf, plus petit que l'œuf normal et dont la dimension atteint parfois celle d'une noisette, produit sans ovule, par une excitation du tube albuminipare est une secrétion inutile d'albumine. Cet albumen se comporte dès sa naissance comme un œuf parfait. Il peut cependant être hardé ou recevoir les formes les plus inattendues.

ŒUF CONTENANT UNE TACHE DE SANG. La ligne stigmatique s'est irrégulièrement déchirée, un vaisseau sanguin a été atteint, une goutte de sang est alors tombée sur l'ovule.

ŒUFS DOUBLES. Par œuf double nous ne désignons pas celui qui contient deux jaunes, mais bien un œuf qui en contient un autre. Nous avons plusieurs fois rencontré ce fait : un œuf hardé ou le plus souvent parfait mais sans jaune, contenant un œuf hardé complet c'est-à-dire avec jaune et blanc. Voici l'explication de cet accident :

Un ovule est tombé dans la trompe, s'est recouvert d'albumine, puis des feuillets. Le tube albuminipare, continuant sa secrétion après le passage de l'ovule, une certaine masse d'albumine suit l'œuf, le rejoint, l'entoure, et le tout est recouvert par la coquille dans la chambre coquillère.

On peut encore considérer comme œufs anormaux ceux qui ont leur chambre à air placée ailleurs qu'au gros bout.

QUESTIONNAIRE

1° Nommez les différentes espèces de crêtes.

2° Décrivez la tête d'une poule Leghorn.

3° Qu'appelle-t-on plastron, camail, lancettes, rectrices, faucilles, tectrices, rémiges primaires et secondaires, poucettes ?

4° Comment est le plumage d'une volaille pailletée argentée, crayonnée dorée ?

5° Nommez les os de la colonne vertébrale et des membres antérieurs.

6° Comment éjointe-t-on une volaille ?

7° Quels sont les organes de l'appareil digestif ? Fonction de chacun d'eux ?

8° L'appareil respiratoire des oiseaux. Différences avec celui des mammifères.

9° De quoi est composé un œuf ?

10° Quelles sont les proportions des corps composant la coquille, le blanc, le jaune ?

11° Expliquez la formation d'un œuf, depuis l'ovaire jusqu'à la ponte.

12° Les œufs hardés, inconvénients, remèdes.

13° Les œufs à deux jaunes, leur formation

14° Les œufs doubles, leur formation.